U0240898

谁是滑雪冠军

综合应用　图形与几何

贺洁　薛晨◎著　哐当哐当工作室◎绘

数学的萌芽

北京科学技术出版社

香蕉滑雪场

鼠宝贝们来到滑雪场，扫码通过检票口。"要是学霸鼠在的话，一定不会放过研究二维码的机会。"勇气鼠说。

从入口望去，并列在一起的一条条雪道，就像一大把香蕉。

初级道
中级道
成人练习道

儿童练习道
嬉雪乐园

3

滑雪场很大，没地图可不行。美丽鼠刚才在入口帮大家拿了地图。幸好，鼠老师教过大家看地图的方法。

"地图上显示洗手间在我们的北边。"勇气鼠却说。

如果方向不是正东、正西、正南、正北，还可以使用东南、东北、西南、西北这样的词语来描述。

洗手间在鼠宝贝们的西北方。

		会员	非会
雪具	滑雪鞋 滑雪板 滑雪杖	30元/件	40元
护具	滑雪服 头盔 护目镜 手套	均为60元/件	

趁捣蛋鼠去洗手间的工夫，倒霉鼠去租了滑雪杖，花了 30 元。

"嗡嗡嗡，嗡嗡嗡。"苍蝇三兄弟什么也没准备，只能在大厅赏雪了。

商店
更衣室
大厅

初级道长 400 米，坡度较缓。雪道上都是初学者，大家滑得都很慢。美丽鼠拍了不少照片。

倒霉鼠、美丽鼠和捣蛋鼠在初级道上滑了一趟又一趟。勇气鼠呢？

级道：长 600 米

勇气鼠在中级道上练习。中级道长 600 米，但坡度较大。一下午的时间，勇气鼠已经学会了一种新的单板动作。

滑完雪，鼠宝贝们来到嬉雪乐园堆雪人。

这里到处都是脑袋圆圆、身体圆圆的雪人。鼠宝贝们想堆一个不一样的雪人!

倒霉鼠滚出两个大雪球，勇气鼠用滑雪板对雪球进行了一番加工。

哈哈，一大一小的两个长方体雪块摞在了一起。倒霉鼠高兴地跳了起来："冰雪机器人即将诞生！"

美丽鼠给雪人戴上了护目镜，倒霉鼠用
三角形的钥匙牌给雪人当鼻子。

　　"钥匙牌还要归还给滑雪场！用这个吧！"美丽鼠用门票卷出一个圆柱，重新给雪人安了个鼻子。

　　最后，他们还用松针给雪人做了嘴巴。冰雪机器人一脸骄傲！

他们边吃边看照片。

"捣蛋鼠和倒霉鼠，你们俩在初级道上滑了9趟，摔了9次。"美丽鼠笑着说。

600 米

400 米

勇气鼠今天在中级道上滑了5趟。他说："中级道比初级道难多了，我是今天的滑雪冠军！"

24

"虽然我们滑的是初级道，但我们滑的总距离长。今天我们也是滑雪冠军。"倒霉鼠这样说。

吃过晚饭，大家早早睡了。

第二天，鼠宝贝们还要去滑雪，看看到底谁是滑雪冠军。

图书在版编目（CIP）数据

谁是滑雪冠军 / 贺洁，薛晨著；哐当哐当工作室绘. —北京：北京科学技术出版社，2021.8（2021.12 重印）
（数学的萌芽）
ISBN 978-7-5714-1538-9

Ⅰ.①谁… Ⅱ.①贺… ②薛… ③哐… Ⅲ.①数学 – 儿童读物 Ⅳ.① O1-49

中国版本图书馆 CIP 数据核字（2021）第 082989 号

策划编辑：阎泽群 代 冉 李丽娟
责任编辑：张 艳
封面设计：沈学成
图文制作：天露霖文化
责任印制：李 茗
出 版 人：曾庆宇
出版发行：北京科学技术出版社
社　　址：北京西直门南大街16号
邮政编码：100035
电　　话：0086-10-66135495（总编室） 0086-10-66113227（发行部）
网　　址：www.bkydw.cn
印　　刷：北京利丰雅高长城印刷有限公司
开　　本：889 mm × 1194 mm　1/32
字　　数：13千字
印　　张：1
版　　次：2021年8月第1版
印　　次：2021年12月第3次印刷
ISBN 978-7-5714-1538-9

定　　价：339.00元（全30册）

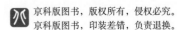